南方丘陵山区矿山环境科考丛书

NANFANG QIULING SHANQU
KUANGSHAN HUANJING KEKAO CONGSHU

南方丘陵山区矿山生态环境图册

崔益安　柳建新　张云蛟　王涌泉　邓圣为　欧　强◎著

中南大学出版社
www.csupress.com.cn
·长沙·

Foreword 前言

南方丘陵山区指淮河以南、云贵高原以东、雷州半岛以北的广大低山丘陵地区，占全国国土面积的九分之一。该区域与世界同纬度亚热带地区相比，具有独特的温暖湿润的自然环境；同时与全国其他地区相比，它的开发潜力巨大，是一块得天独厚的宝地。该区域的农业开发虽然晚于黄河流域，但是也有近千年的发展历史。与东北、西北等地的山区相比，这里不仅是一个开发很早的地区，而且还是一个人口密度较大、矿产资源特别是有色金属资源丰富的地区。一方面因为人口数量增加、耕地不断减少，加上滥采矿产资源等造成了大面积的土地污染和地下水污染，人地关系出现明显的矛盾；另一方面，由于大部分山区经济欠发达，大量矿产资源利用方式粗放，经营效益不高，这一地区的自然资源潜力没有充分发挥出来。在全球气候变暖等自然因素的影响下，各种极端天气和自然灾害频发，水土流失严重，生态安全受到前所未有的威胁。并且部分偏远丘陵山区从未开展过矿山生态环境调查，没有任何系统的相关数据。因此，在该区域开展资源环境综合考察和调查，查明区域内矿产等资源的基本情况和生态环境状况，能够为我国资源安全研究和战略决策提供重要支持，为生态安全政策制订、灾害防治、区域环境综合治理提供科学依据，对于在我国经济快速发展中构建和谐的人与自然关系具有重大意义。

湖南、江西、广东、广西这一区域内的丘陵山区是我国有色金属、黑色金属(锰)、稀有金属、稀土、放射性矿产的重要产地。该区因其特有的矿产资源优势而成为我国重要的有色金属工业基地。区内有各种所有制的矿山企业有数千家；开发矿产以有色金属为主，次为黑色(锰铁)、能源(煤炭)、非金属等；构成以矿业为主体的矿山采掘、选矿业等，年总产值近千亿元，按行政区划现已形成以湘南、赣南、桂西、粤北为代表的四个矿业集中区。长期以来由于资金和管理不善等原因，在开采的过程中对矿区周围的土壤与环境造成了严重影响。例如，选矿后的大量废弃物堆放在矿区旁边的尾矿库内，这些重金属尾矿中含有的大量重金属，在地表生物地球化学作用下释放和迁移到土壤及河流中。而这些受污染的水又通过灌溉方式进入农田，并通过食物链进入人体，从而对矿区附近人民的健康和生存环境构成严重威胁。采矿造成地下水位下降，使原有地表泉水干枯，当地居民的饮用水与灌溉受到不同程度的影响。

一些矿业发达国家，如英国、德国、美国、苏联、法国、加拿大、澳大利亚等，比较重视矿山生态环境的调查恢复治理工作，起步早，起点高，相继颁布了有关工作的法律法规和条例，投入了大量的资金和技术力量进行科学实验和理论研究，在矿山生态环境恢复治理技术、生物系统工程和运营管理措施等方面均达到了较高的水平，获得了显著的社会效益、经济效益和环境效益。矿山生态环境控制与恢复最早开始于德国和英国，美国早在1920年的《矿山租赁法》中就明确要求保护土地和自然环境，而德国从20世纪20年代就开始在废弃土地上种植树木以恢复植被和保护环境。50年代末，欧洲各国比较自觉地进入了科学治理的时代。进入70年代，矿山生态环境恢复治理已发展成为一项涉及多行业、多部门的系统工程，并已形成比较完整的法律体系和管理体系。80年代以后，随着世界各国对环境问题的日益重视和生态学的迅速发展，矿山生态环境恢复治理中的生态原则及矿区"土壤—植物—动物"生态系统的重建工作已成为该领域研究的焦点，从而使该领域呈现蓬勃发展的态势。

我国矿产资源开采选冶造成的重金属环境污染案例不胜枚举，"血铅""镉污染"已经成为高频词汇。以湖南为例，据湖南省政府和国土资源部合作进行并于2007年完成的《湖南省洞庭湖区生态地球化学调查评价》指出：株洲县茶亭—株洲市—湘潭市—长沙市—望城区—湘阴县—屈原农场—岳阳市长达250 km的带状区域农田土壤有比较严重的镉污染，其污染源以选矿、冶炼为主。矿山生态环境调查与修复工作刻不容缓。20世纪80年代国家环保局和国家土地管理局成立以后，矿山生态环境恢复治理工作开始得到重视。1988年颁布的《土地复垦规定》和1989年颁布的《中华人民共和国环境保护法》，标志着矿区生态环境修复走上了法制的轨道。进入21世纪，党的十八大首次提出了建设“美丽中国”，强调生态文明建设的突出地位。2015年中共中央、国务院发布《关于加快推进生态文明建设的意见》，明确提出“坚持绿水青山就是金山银山，深入持久地推进生态文明建设”。2017年10月，“增强绿水青山就是金山银山的意识”写进《中国共产党章程》。2018年3月，十三届全国人大一次会议表决通过《中华人民共和国宪法修正案》，把发展生态文明、建设美丽中国写入宪法。系统地查明南方丘陵山区矿产资源的基本情况和生态环境状况、掌握南方丘陵山区的矿山生态环境信息，可以为生态安全政策制订、灾害防治、区域环境综合治理提供科学依据，为我国资源安全战略决策以及发展生态文明、建设美丽中国提供重要支持。

科技基础性工作专项是科技部于21世纪初启动的一项重大举措，科技基础性工作是指对基本科学数据、资料和相关信息进行系统的考察、采集、鉴定，并进行评价和综合分析，以探求基本规律，推动这些科学资料的流动与使用的工作。本图册是科技部科技基础性工作专项项目“南方丘陵山区的矿山生态环境科学考察”成果中反映矿山地质灾害情况的图片部分。所有图片均由项目参与单位湖南省地质测试研究院、江西有色地质矿产勘查开发院、广东省有色地质勘查院和广西壮族自治区地质调查院的现场调查人员拍摄。各单位在中南大学统一协调下分工协作，历时5年共拍摄反映生态环境的照片1700余张。从中挑选具有代表性的照片，按照地貌及植被破坏、矿山废料、尾矿库、废水、生态复垦五个大类进行分类整理，编成此图册。图册中如有错漏，请读者批评指正。

作者

2019年10月

Contents 目录

一、地貌及植被破坏

湖南省祁东铁矿路边被雨水冲刷的砂质土壤(曹健、邓圣为拍摄)

湖南省祁东铁矿路边被雨水冲刷的砂质土壤(曹健、邓圣为拍摄)

湖南省李家田铝土矿露天采矿造成土地荒漠化(田宗平、曹健、邓圣为拍摄)

湖南省锡矿山锑矿北矿的荒山(曹健、邓圣为现场拍摄)

湖南省锡矿山锑矿矿山由于采矿、选矿、炼锑、炼锌、炼铁等矿厂较多，已形成光山秃岭，造成了严重的生态破坏，矿山型荒漠化现象较突出。(曹健、邓圣为拍摄)

湖南省祁东大岭铅锌矿矿区土壤。矿区形成土壤的母岩有老第三纪紫色砂页岩，石炭纪石灰岩、变质岩(千枚岩、板岩、石英岩等)以及覆盖在其他岩层上的第四纪红色黏土等。(曹健、邓圣为拍摄)

江西省宜春钽铌矿的露天采区，矿区所占用的土地以山地为主，利用的土地类型一般为林地，局部为耕地、农田。土壤主要为红壤，局部为黄壤。(舒顺平、舒仲强、曾昭法拍摄)

江西省武宁驼背山锑矿露天采区，矿区内土壤以黄棕壤、黄壤为主，土层较厚，土壤较肥沃。矿区占用、破坏土地类型主要为山坡荒地、部分旱地及稀疏林地，地表植被为松树及灌木。植被发育，覆盖率为40% ~60%。（曾昭法、信伟卫、赖广平拍摄）

江西省聂桥锑金矿的露天采区，矿区地处丘岗斜坡下部及沟谷平原，矿区内土壤以黄棕壤、黄壤为主，土层较厚，土壤较肥沃。矿区外的山地斜坡植被为灌木丛、人工杉木林，覆盖率达60%。（曾昭法、信伟卫、赖广平拍摄）

江西省七宝山铅锌矿露天采场，矿区所在区域的土壤类型主要为红壤，红壤多分布于丘陵和岗地，呈红、暗红或红棕色，黏质、酸性土层较厚。（舒顺平、舒仲强拍摄）

江西省德兴银山铅锌矿露天采场，土壤类型主要为林地土壤和少量的耕地土壤两大类。矿区主要植被类型为针叶林和灌草丛。（舒顺平、舒仲强拍摄）

江西省岿美山钨矿采矿场全貌，矿区地表土壤有第四系红壤土和花岗岩风化形成的土壤，少部分为紫色土。由于土壤肥沃有利于各种植物生长，区内植被覆盖率约65%，但采场地表的植被破坏严重。（舒顺平、舒仲强拍摄）

江西省岩背锡矿的露天采矿场，矿区及周边土壤类型主要为黄壤、黄棕壤，土地利用类型主要为林地，矿区的植被覆盖率70%以上，但采场地表植被破坏严重。（舒顺平、舒仲强拍摄）

江西省德安尖峰坡锡矿地形地貌，矿区地处丘陵山坡，矿区内土壤以红壤、黄壤为主，植被发育良好，覆盖率为60%～80%，冲洪积、松散堆积物较少。（曾昭法、信伟卫、赖广平拍摄）

江西省木子山稀土矿的矿区主要为林地，土壤类型主要为红壤，土质疏松。植被覆盖率50%以上。（舒顺平、舒仲强拍摄）

江西省开子崇稀土矿采矿场(舒顺平、舒仲强拍摄)

江西省开子崇稀土矿堆浸场。矿区主要为林地，土壤类型主要为红壤，土质疏松、肥沃湿润、腐殖质层较厚。植被覆盖率 50% 以上，植被类型主要有天然次生常绿阔叶林、落叶阔叶林、各类针阔混交林、毛竹林。(舒顺平、舒仲强拍摄)

江西省新余下坊铁矿矿区土壤以灰黄、浅黄色亚砂土、亚黏土和腐殖土为主，山坡土壤层厚度为0 ~ 20 m，平均约8 m，上覆1 ~ 5 cm厚的枯枝落叶层，土壤抗侵蚀能力较弱。（舒顺平、舒仲强、曾昭法拍摄）

江西省盘坑铁矿的土壤类型主要为林地土壤和少量的耕地土壤两大类，林地土壤以红壤为主，红黄壤、黄壤次之，耕地土壤以旱地为主。（舒顺平、舒仲强拍摄）

江西省德兴铜矿矿区开采区和废石、尾砂堆积区植被破坏严重，矿区外围生态环境保护较好，植被茂盛，其类型为常绿阔叶林和毛竹林。（舒顺平、舒仲强拍摄）

江西省城门山铜矿的土壤主要为红壤，局部为黄壤，在坡脚低洼处土层较厚。矿区采矿区、废石堆和尾砂库植被破坏严重。（曾昭法、信伟卫拍摄）

广东省白石嶂钼矿区的开采对山体造成的破坏之一。（田云、王涌泉拍摄）

广东省白石嶂钼矿区的开采对山体造成的破坏之二。（田云、王涌泉拍摄）

广东省茶排铅锌矿区的开采对山体造成的破坏之一。(曹志良、王模坚拍摄)

广东省茶排铅锌矿区的开采对山体造成的破坏之二。(曹志良、王模坚拍摄)

广东省云安县高枨铅锌矿区的开采对山体的破坏。(王赛蒙、王涌泉拍摄)

广东省海丰县吉水门矿锡矿区的开采对山体的破坏之一。(王胜、王涌泉拍摄)

广东省海丰县吉水门矿锡矿区的开采对山体的破坏之二。(王胜、王涌泉拍摄)

广东省海丰县吉水门矿锡矿区的开采对山体的破坏之三。(王胜、王涌泉拍摄)

广东省梅县隆文镇江上—苏溪铁矿区的开采对山体的破坏之一。(王胜、王涌泉拍摄)

广东省梅县隆文镇江上—苏溪铁矿区的开采对山体的破坏之二。(王胜、王涌泉拍摄)

广东省信宜市贵子镇深垌锰矿区的开采对山体的破坏之一。(**王赛蒙、王涌泉拍摄**)

广东省信宜市贵子镇深垌锰矿区的开采对山体的破坏之二。(**王赛蒙、王涌泉拍摄**)

二、矿山废料

湖南省川口钨矿老废石场堆放的废石(曹健、邓圣为拍摄)

湖南省柿竹园多金属矿柴山工区废石(曹健、邓圣为拍摄)

湖南省新田岭钨矿在建的南区井塔旁边的废石堆(曹健、邓圣为拍摄)

湖南省锡矿山锑矿锌厂后面废矿和废渣堆近景(曹健、邓圣为拍摄)

湖南省锡矿山北矿的一处大型废石堆场，矿山地区无序堆放的冶炼砷碱渣、冶炼炉渣、采矿废石不仅侵占和破坏了大量土地资源，还造成水体污染、水土流失，成为诱发山体崩塌、滑坡、泥石流等地质灾害的重要原因。(曹健、邓圣为拍摄)

湖南省柏坊铜矿矿区内废石场废石，柏坊铜矿每年的废石排放量有6万t左右。(曹健、邓圣为拍摄)

湖南省柏坊铜矿矿区内的冶炼渣，冶炼渣每年的排放量有6万t左右，冶炼渣在渣场临时堆存后全部外售进行综合利用。(曹健、邓圣为拍摄)

湖南省玛瑙山矿区道路旁的废石堆(曹健、邓圣为拍摄)

湖南省宝山铅锌银矿采矿废石场堆积的废石，废石场位于矿区西部的山谷中，占地面积775万m^2，剩余有效容积20万m^3，现堆积废石不到剩余有效容积的三分之一。(曹健、邓圣为拍摄)

湖南省香花岭锡矿废石场里堆积的废石(曹健、邓圣为拍摄)

湖南省瑶岗仙钨矿废石场里堆积的废石(曹健、邓圣为拍摄)

湖南省瑶岗仙钨矿原生细泥钨回收车间旁边的废石(曹健、邓圣为拍摄)

湖南省对面排铜钼矿废石场里的废石堆，废石场位于680平硐口外，主要堆存基建废石，后期拟用于矿区铺路。(矿方提供)

湖南省江口铁矿废石场里堆放的废石，矿山每年产生废石量1.36万m^3，堆放在废石场。(曹健、邓圣为拍摄)

江西省宜春钽铌矿排土场远景图(舒顺平、舒仲强、曾昭法拍摄)

江西省宜春钽铌矿排土场，位于采矿区东约600 m处的山坳中，实际堆放约200万t，已经形成了一个顶部平台长约250 m、宽30～125 m、高度25～75 m的堆积体。堆积边坡倾向北东，倾角35°～46°。

江西省七宝山铅锌矿的碎石场(舒顺平、舒仲强拍摄)

江西省七宝山铅锌矿的排土场侧面图(舒顺平、舒仲强拍摄)

江西省七宝山铅锌矿的排土场远景图（舒顺平、舒仲强拍摄）

江西省七宝山铅锌矿排土场，位于采矿工业场地西侧300 m，原有南北两个，现已连接在一起，形成一个整体的排土场地，占地面积41.3 hm^2，排土场有270 m、283 m、295 m三个平台，总堆存量可达到1738万 m^3，目前已堆积废石约1148万 m^3。

江西省德兴银山铅锌矿废石堆，总量3300万 m^3，每年新增废石量650万t。（舒顺平、舒仲强拍摄）

江西省万年昌港银金矿3号废石堆(舒顺平、舒仲强拍摄)

江西省万年昌港银金矿的2号、3号废石堆沿山沟坡面堆积，面积约100 m^2，废石量500 m^3 左右，废石堆稳定性好，对环境的破坏不大。4号废石堆沿边坡松散堆放，边坡角50°，面积约150 m^2，废石量600 m^3 左右，松散坡脚触及汇水沟口，存在安全隐患。

江西省鲍家银矿的一期废石堆(舒顺平、舒仲强拍摄)

江西省鲍家银矿废石堆，矿山固体废弃物主要为废渣(石)，采矿产出废石量80 t/d，废石成分主要为花岗岩，次为晶屑凝灰岩等。选矿产出尾矿量15.67万t/a。废石堆放场地位于采矿工业场地往北直线距离300 m处山谷中，包括拦挡坝、截洪沟和废水收集池等，占地面积60亩(1亩=666.7 m^2)，且全部为山林地。

江西省西华山钨矿废石堆(舒顺平、舒仲强拍摄)

江西省西华山钨矿废石堆与选矿厂(舒顺平、舒仲强拍摄)

江西省西华山钨矿区及其附近范围内，主要形成了15处废石堆，废石总方量约1794000 m^3。其中，1废石堆、4废石堆是目前西华山钨矿区范围内最主要的废石堆放地，目前可有29.2万 m^3 堆积容积。

江西省官庄钨矿 1468 中段废石堆(舒顺平、雷建、何登华拍摄)

江西省官庄钨矿 1190 中段废石堆(舒顺平、雷建、何登华拍摄)

江西省官庄钨矿矿区目前形成 9 个废石场，沿山坡规则堆积，压占面积 1 hm^2，堆积量 25 万 m^3，正常生产每天新增废石 1000 m^3。

江西省岿美山钨矿排土场(舒顺平、舒仲强拍摄)

江西省岿美山钨矿废石堆近景图(舒顺平、舒仲强拍摄)

江西省岿美山钨矿废石堆远景图(舒顺平、舒仲强拍摄)

江西省岿美山钨矿 $1^{\#}$ ~ $19^{\#}$硐口废石堆有 21 处，面积近 10 hm^2。废石堆堆积高度 3 ~ 30 m，自然堆放，外侧坡度 50° ~ 60°，由于废石松散，所处地形坡度大部分大于 25°，稳定性差。在强降雨或暴雨条件下，山坡处废石堆可能整体沿地面向下滑移形成滑坡。

江西省浒坑钨矿排土场(舒顺平、舒仲强、曾昭法拍摄)

江西省浒坑钨矿废石堆远景图(舒顺平、舒仲强、曾昭法拍摄)

江西省浒坑钨矿区及其附近范围内，主要形成了19处废石堆(场)，废石总方量约2583700 m^3。自然安息角为35°~40°；废石块度不一，一般在6 cm×8 cm×8 cm左右，最大块径可达20 cm×40 cm×50 cm，废石堆、排土场目前基本稳定。

江西省会昌岩背锡矿碎石厂，废石为坚硬的火山岩，可开发再利用做建筑材料。(舒顺平、舒仲强拍摄)

江西省会昌岩背锡矿废石堆Ⅰ(舒顺平、舒仲强拍摄)

江西省会昌岩背锡矿废石堆Ⅱ(舒顺平、舒仲强拍摄)

江西省会昌岩背锡矿排土场位于采场南东分水岭以外清溪河左岸山坡处，边坡坡角为25°~40°，现废石堆放面积为287123 m^2，堆放高度达150 m，废石方量已达600万 m^3，其边界已至清溪河，废石主要为火山岩(花岗岩块石和碎石)和少量废土。

江西省德安尖峰坡锡矿废石堆，占地面积5 hm^2，位于卢家旁村南侧的沟谷之中，距卢家旁村约200 m。在矿山服务年限内，废石量为27．33万 m^3，所需废石场容量约40万 m^3。（曾昭法、信伟卫、赖广平拍摄）

江西省新余下坊铁矿废石堆Ⅰ（舒顺平、舒仲强、曾昭法拍摄）

江西省新余下坊铁矿废石堆Ⅱ(舒顺平、舒仲强、曾昭法拍摄)

江西省新余下坊铁矿的废石多用于铺路、外运作砼粗骨料等用途，剩余废石堆共4处，废石堆总体积约7.6万 m^3，多呈长条或圆形，单堆方量2250～64000 m^3 不等。

江西省盘坑铁矿废石堆地形地貌图(舒顺平、舒仲强拍摄)

江西省盘坑铁矿废石堆侧面图(舒顺平、舒仲强拍摄)

江西省盘坑铁矿废石堆近景图(舒顺平、舒仲强拍摄)

江西省盘坑铁矿废石堆主要有 3 处，占地面积约 4000 m^2。目前总堆积量近 8000 m^3，堆积高度在 10 ~ 30 m 不等，堆放坡角 30° ~ 50°。

江西省天力铁矿碎石厂(舒顺平、舒仲强拍摄)

江西省天力铁矿矿石堆(舒顺平、舒仲强拍摄)

江西省天力铁矿的矿石堆，该矿年产废石约10000 m^3，全部破碎运走用于建筑材料，矿区堆积废石少，仅见一处废石堆，废石堆长约10 m，宽约8 m，高约4 m，废石量约320 m^3。

江西省远坑金矿废石堆，矿区共有废石堆两处，面积分别为 1000 m^2、6000 m^2，高 13 ~ 30 m 不等，现有废土石约 25 万 m^3。（舒顺平、舒仲强拍摄）

江西省金山金矿废石堆，面积 8000 m^2，高 15 ~ 20 m 不等，废石总量约 15×10^4 m^3，每天继续增加约 150 t 废石。（舒顺平、舒仲强拍摄）

江西省花桥金矿废石堆。矿山主要废石堆5个，面积500～800 m^2，高30～50 m不等，废石总量约15×10^4 m^3，每天继续增加约300 t废石。（舒顺平、舒仲强拍摄）

江西省永平铜矿的西排土场，已堆废石长约600 m、高100 m、宽100 m，容量约6000万t，目前采取高阶段排土，坡顶平台面积约20万 m^2，边坡高差超过100 m。（舒顺平、雷建、舒仲强拍摄）

江西省永平铜矿的南排土场，已堆废石约4000万t。(舒顺平、雷建、舒仲强拍摄)

江西省弋阳旭日铜矿废石堆，长80 m、宽40 m、高1.5 m，总量1000 t。(舒顺平、舒仲强拍摄)

江西省德兴铜矿南山排土场，已堆废石约 10000 万 t，目前采取高阶段排土，坡顶平台面积约 20 万 m^2，边坡高差超过 100 m。（舒顺平、舒仲强拍摄）

江西省德兴铜矿南山排土场（舒顺平、舒仲强拍摄）

江西省德兴铜矿杨桃坞废石场，已堆废石约 10000 万 t，目前采取高阶段排土，坡顶平台面积约 20 万 m^2，边坡高差超过 100 m。（舒顺平、舒仲强拍摄）

江西省城门山铜矿的排土场，位于采场南侧，主要堆放采矿废石及剥离表土，占地面积 1183 亩，高 10 ~ 20 m 不等。（曾昭法、信伟卫拍摄）

广东省宝山铁矿矿区的废石堆，主要用来堆放矿山开采所产生的废石。（曹志良、王模坚拍摄）

广东省宝山铁矿矿区的废土堆，主要用来堆放矿山开采所产生的废土、废渣。（曹志良、王模坚拍摄）

广东省白石嶂钼矿矿区的废石堆，主要用来堆放矿山开采所产生的废石。矿山经过 18 年正规开采，遗留下大约 45.4 万 t 采矿废石。(王胜、王涌泉拍摄)

广东省白石嶂钼矿矿区的废土堆，主要用来堆放矿山开采所产生的废土、废渣。(王胜、王涌泉拍摄)

广东省韶关市武江区赤老顶锑矿的废石堆之一，主要用来堆放矿区的剥离废石、废渣部分。（王胜、王涌泉拍摄）

广东省韶关市武江区赤老顶锑矿的废石堆之二，主要用来堆放矿区的剥离废石、废渣部分。（王胜、王涌泉拍摄）

广东省茶排铅锌矿矿区的废石堆，矿山早期由于个体采矿户无序开采，采富弃贫，开采与洗矿工艺落后，因此出现废矿石的乱丢乱弃，经过治理，对原来四处散落的废石收集后集中堆置。（曹志良、王模坚拍摄）

广东省大宝山多金属矿矿区东北部废矿渣和土堆场，矿区铁矿采矿产生的废土、废石堆放于李屋拦泥库内，1998 年已停止向拦泥库排放废土、废石，2008 年，李屋拦泥库加高扩容改造工程完工后，露天铁矿又开始排放废土、废石，排放量约为每年 400 万 t。（汪礼明、刘东宏、王涌泉拍摄）

广东省英德市九龙镇大沟谷金矿矿区的废石堆，主要用来堆放尾砂堆场剥离的表土，而场地内废石大部分将用于塌陷坑回填、道路铺垫及场地整平。（王胜、王涌泉拍摄）

广东省连平县大尖山铅锌矿矿区的废石堆，矿区的部分废石采取不出窿，用于回填采空区。（曹志良、王模坚场拍摄）

广东省大岭坡矿区的临时废石场，矿区回收出窿废石，用于建设或外卖，陈家坡矿段废石场占地36 m²，大岭坡矿段废石场(含矿石堆场)占地36 m²，大利矿段废石场(含矿石堆场)占地50 m²，矿区废石场(含矿石堆场)共占地面积122 m²。(王赛蒙、王涌泉拍摄)

广东省连南瑶族自治县大麦山矿业场铜多金属矿矿区的废石堆，矿区的剥离废石部分堆置在废石场，部分废石回填巷道。(王胜、王涌泉拍摄)

广东省连南瑶族自治县寨岗镇姓坪村刀肖劣钼矿矿区的废石堆，矿山废渣目前主要为废石，矿区设有专门废石堆放场地。（王胜、王涌泉拍摄）

广东省凡口铅锌矿矿区的废石堆，矿区巷道的掘进以及采矿生产中产生的非矿成分，其主要成分是硅酸盐，含有少量的铅、锌等金属成分，年生产量约36万t，经磨砂场磨成砂堆积于废石场，准备全部用于井下充填。（汪礼明、刘东宏、王涌泉拍摄）

广东省翁源县红岭钨矿矿区的废石堆，主要存放井下掘进过程中产生的剥离废石，选矿产生的手选废石。（汪礼明、刘东宏、王涌泉拍摄）

广东省连南瑶族自治县寨岗镇鸡麻坑铅锌矿矿区的废石堆，矿区的剥离废石部分堆置在废石场，部分废石回填巷道。（汪礼明、刘东宏拍摄）

广东省梅县隆文镇江上—苏溪铁矿矿区的排土场，矿区开采遗留区主要为前期开采产生的弃土随意排放，导致水土流失极为严重，而且排放的弃土已形成高达 20 m 的裸露边坡。（王胜、王涌泉拍摄）

广东省龙川县矿山宝铁矿的排土场，主要存放铁矿剥离的表土。（曹志良、王模坚拍摄）

广东省韶关市连南姓坪钼矿矿区的废石场，矿区的剥离废石部分堆置在废石场，部分废石回填巷道。（王胜、王涌拍摄）

广东省连州市小带锰矿矿区的废弃排土场，主要存放废土、废渣，如今已经废弃，其上也逐渐有植被生长。（汪礼明、刘东宏拍摄）

广东省连南瑶族自治县寨南称架麦凹铜锌矿矿区的废石场，矿山生产过程中产生的废石、废土主要分布在各个硐口的两侧，在各个平硐口均有分布，各废石堆场破坏的土地类型均为林地，破坏形式为压占破坏。总破坏面积为 0. 2147 hm^2。(王胜、王涌泉拍摄)

广东省韶关梅子窝矿区的+760 m 窿口废石场，主要存放矿区开采产生的废石、废渣。(王胜拍摄)

广东省封开县金装板梯矿段长滩头聂河生金矿矿区的废石堆，矿山开采总量不多，产生废石量较少，总量约4.5万t，且产生的废石部分可用于基建平整场地，剩下的废石堆填至本矿的废石堆场内。(王赛蒙、王涌泉拍摄)

广东省信宜市贵子镇深垌锰矿矿区的废土堆，主要存放剥离岩土。经估算，矿山在基建和生产期间产生的废土量在130.78万 m^3 左右。建设和生产过程中产生的少量废石用于回填工业场地；另外在矿区东部山沟设置排土场，容积约140万 m^3。(王赛蒙、王涌泉拍摄)

广东省信宜市贵子镇深垌锰矿矿区的废石堆，主要存放废石、废渣。(王赛蒙、王涌泉拍摄)

广东省韶关石人嶂矿区的废石堆，主要存放坑道开拓、采矿产生的废石及选矿的废石，坑道开拓、采矿产生的废石及剥离废弃岩土将按+340 m至+598 m中段分别送至位于横坑及下官坑的窿口废石堆场堆存。(王胜拍摄)

广东省乳源瑶族自治县天门嶂西云寺铁矿矿区的废石堆之一，主要为采矿废石，废石部分回填采空区，部分堆放于临时废石堆。（王胜、王涌泉拍摄）

广东省乳源瑶族自治县天门嶂西云寺铁矿矿区的废石堆之二，主要为采矿废石，废石部分回填采空区，部分堆放于临时废石堆。（王胜、王涌泉拍摄）

广东省乳源瑶族自治县瑶婆山铁铅锌矿矿区的废石场，铅锌矿开拓产生的废石尽量不出窿，出窿部分堆置在废石场，部分废石回填巷道。（王胜、王涌泉拍摄）

广西壮族自治区明山金矿废堆淋场。堆淋场所堆矿石平均厚约 5 m，总体积约 8 万 m^3。（明山金矿提供）

广西壮族自治区大新锰矿布康排土场。中部排土场和布康排土场相连，面积共约 53.42 hm^2。这些排土场内堆放大量原露天开采剥离弃土、废石等，外缘边坡高度 40 ~ 95 m，坡角 30° ~ 40°。（李世通拍摄）

广西壮族自治区佛子冲铅锌矿简冲工区废石场。废石一般用于矿山基建、填补矿山公路和充填采空区，局部地表原工业废石场做土地复垦绿化工作。（李世通拍摄）

广西壮族自治区佛子冲铅锌矿河三废石场(李世通拍摄)

广西壮族自治区佛子冲铅锌矿古益废石场(李世通拍摄)

广西壮族自治区上朝铅锌矿金雅废石场。位于金雅出渣口附近的山谷内，远离村庄，四周无耕地。废石场占地面积为0.690 hm^2，总容量约为6.90 万 m^3（堆放高度按10 m 计，剩余库容约2.90 万 m^3），现已堆放废石约4.0 万 m^3。（上朝铅锌矿山提供）

广西壮族自治区泥冲钼矿 1 号表土场。1 号表土场位于 1 号露天采场旁边。损毁土地面积0.452hm^2。（李世通拍摄）

广西壮族自治区泥冲钼矿氰化场地。氰化场位于矿山的西部，包括有一个堆淋场和池浸氰化场，损毁土地面积0.096hm²。(李世通拍摄)

广西壮族自治区龙头山金矿1#废石场。平硐380下方的1#废石场约堆放有2.5万m^3的废石。(李世通拍摄)

广西壮族自治区龙头山金矿 1#低品位矿石堆场。1#低品位矿石堆场约堆放有0.8 万m^3的低品位矿石。(李世通拍摄)

广西壮族自治区龙头山金矿 3#低品位矿石堆场。3#低品位矿石堆场堆放有2.2 万m^3低品位矿石。(李世通拍摄)

广西壮族自治区龙头山金矿1#民采堆淋场。1#民采堆淋场堆放约6万m^3民采废渣。(李世通拍摄)

广西壮族自治区龙头山金矿2#民采堆淋场。2#民采堆淋场堆放约4.4万m^3民采废渣。(李世通拍摄)

广西壮族自治区龙头山金矿 3#民采堆淋场。3#民采堆淋场堆放约 4 万m^3民采废渣。(李世通拍摄)

广西壮族自治区龙头山金矿 4#民采堆淋场。4#民采堆淋场堆放约 3.5 万m^3废渣。(李世通拍摄)

广西壮族自治区湖润锰矿下朴隆采区 6#窿口废石场(欧强拍摄)

广西壮族自治区湖润锰矿下朴隆采区 2#窿口废石场(欧强拍摄)

广西壮族自治区湖润锰矿内伏矿段二采区 40 线 360 中段窿口废石场(欧强拍摄)

广西壮族自治区珊瑚钨矿矿区露天堆场(欧强拍摄)

广西壮族自治区德保铜矿Ⅱ号矿段(KD2)露天采坑弃土场。露天采场由开挖成深沟、平台和堆放边坡组成，面积为3.8023 hm^2。西北部为废弃土堆放边坡，坡度大于40°，面积为1.7422 hm^2。中部开挖深沟和平台，中部山顶开挖成宽10～30 m，长约120 m，深0～20 m深沟，地势较高，西南部为开挖平台；采场南部开挖边坡为裸露岩石。(李世通拍摄)

广西壮族自治区德保铜矿Ⅳ号矿段(KD4)露天采坑废石场。位于Ⅳ号矿段东南侧300 m的山坡上，挖损严重，形成宽约40 m，长约100 m，深约30 m的深坑，挖出的土层堆置四周，挖出的废石堆置其东南面的山谷中。(李世通拍摄)

广西壮族自治区德保铜矿Ⅵ、Ⅷ号矿段(KD6802)废石场。位于Ⅵ号矿段工业场地西侧路边山沟中，废石呈三级台阶堆放，台阶宽7 m，高5 m，堆放长度约60 m，人工堆积边坡的坡高约15 m，坡度40°。废石堆的岩性为矽卡岩、砂岩等岩石碎块，直径1～20 cm，结构松散。(李世通拍摄)

广西壮族自治区德保铜矿Ⅳ号矿段(KD4)井口工业场地废石场。位于Ⅳ号矿段工业场地北侧，采矿弃土废渣堆放在山坡上，形成直径为10 m，斜长为25 m，边坡坡度40°的“小山”，废石堆的岩性为矽卡岩、砂岩等岩石碎块，直径1～20 cm，结构松散。(李世通拍摄)

广西壮族自治区屯秋铁矿 1 号排土场(李世通拍摄)

广西壮族自治区红花铁矿矿区内堆场(欧强拍摄)

广西壮族自治区五一锡矿 460 坑口废石场。产生的废石部分用于充填坑道，部分用于筑坝、砌筑截排水沟、道路修整以及用于周边企业厂房基础建设，剩余部分堆于各坑口周边。(李世通拍摄)

广西壮族自治区五一锡矿第一干堆场。第一干堆场位于选矿厂西北侧约 1000 m 处的山沟，干堆场面积为 2.65 万m^3，堆砂平均高度为 12 m，其有效容积为 31.8 万m^3，已于 2011 年闭坑复垦。(李世通拍摄)

广西壮族自治区五一锡矿尤鱼冲干堆场。尤鱼冲库底最低总占地面积6.17万m^2，标高为475 m，设计尾矿堆高70 m，总库容177万m^3，为三等库。（欧强拍摄）

广西壮族自治区五一锡矿尤鱼冲废石堆场（欧强拍摄）

广西壮族自治区铜坑锡矿矿区内厂房及矿石堆场(欧强拍摄)

广西壮族自治区铜坑锡矿矿区内废渣堆场(欧强拍摄)

三、尾矿库

湖南省水口山铅锌矿的龙王山金矿尾矿库(曹健、邓圣为现场拍摄)

湖南省水口山铅锌矿的斋家冲尾矿库Ⅰ(曹健、邓圣为现场拍摄)

湖南省水口山铅锌矿的斋家冲尾矿库Ⅱ(曹健、邓圣为现场拍摄)

湖南省水口山铅锌矿现共有尾矿库两座，一处位于水口山矿部北面，为矿山建设初期所建；一处位于康家湾矿区南部斋家冲山沟中，现累计存放量达 450 万 m^3。

湖南省川口钨矿的新尾矿库Ⅰ(曹健、邓圣为现场拍摄)

湖南省川口钨矿的新尾矿库Ⅱ(曹健、邓圣为现场拍摄)

湖南省祁东铁矿的尾矿库，祁东铁矿选定彭家冲山沟作为尾矿排放场，尾矿库占地面积 0.687 km^2，最低标高+190 m，尾砂坝顶标高+250 m，容积约 2000 万 m^3。（曹健、邓圣为拍摄）

湖南省麻阳铜矿正在使用的 2 号尾矿库，矿山年废弃尾矿量 16.35 万 t，约 30%尾矿用于采场充填，70%堆积于 2 号尾矿库。（曹健、邓圣为拍摄）

湖南省柿竹园多金属矿东河西岸已闭库的尾矿库(曹健、邓圣为拍摄)

湖南省柿竹园多金属矿千吨尾矿库，矿山目前日排出固体量约为825 t，尾矿平均粒径0.046 mm，年尾矿量约20万 m^3。(曹健、邓圣为拍摄)

湖南省新田岭钨矿已闭库的桥里冲尾矿库（曹健、邓圣为拍摄）

湖南省新田岭钨矿西岭沟尾矿库，矿区北区保留的500 t/d选厂尾矿年生产量约为163450 t（447.8 t/d），通过管道输送到选厂东面西岭沟尾矿库内堆存。（曹健、邓圣为拍摄）

湖南省湘西金矿3号尾矿库库面(曹健、邓圣为拍摄)

湖南省锡矿山锑矿龙王池尾矿库。锡矿山锑矿北选厂和南选厂共用一个尾矿库，尾矿经分级后，大部分用于井下充填，小部分细泥通过管道输送到龙王池尾矿库内堆存。(曹健、邓圣为拍摄)

湖南省平江万古金矿杨洞源尾矿库，共占地约 21 hm^2。设计总坝高约 83 m，设计总库容约 561.41 万 m^3。现有尾矿量约 2.5 万 m^3，尾矿占地面积约 1.2 hm^2。（曹健、邓圣为拍摄）

湖南省平江江东金矿烧牛坡尾矿库库面（曹健、邓圣为拍摄）

湖南省平江江东金矿在建的蛇岭坡尾矿库(曹健、邓圣为拍摄)

湖南省祁东大岭铅锌矿刘新铺尾矿库，矿山尾矿 100 t/d。(曹健、邓圣为拍摄)

湖南省柏坊铜矿柏坊林果塘尾矿库(曹健、邓圣为拍摄)

湖南省柏坊铜矿柏坊林果塘尾矿库全景(曹健、邓圣为拍摄)

湖南省宝山铅锌银矿宝山尾矿库(曹健、邓圣为现场拍摄)

湖南省宝山铅锌银矿宝山尾矿库，尾矿库总共有各类排放的矿石尾矿近700万t，矿山年尾矿排放量约为45500 t。(曹健、邓圣为拍摄)

湖南省黄沙坪铅锌矿铅锌尾矿库库面，矿山铅锌尾矿 24.07 万 t/a，输送至铅锌矿选厂东北向铅锌尾矿库内堆存。（曹健、邓圣为拍摄）

湖南省黄沙坪铅锌矿铁多金属尾矿库库面，矿山铁多金属尾矿 15.87 万 t/a，输送至铁多金属尾矿库内堆存。（曹健、邓圣为拍摄）

湖南省瑶岗仙钨矿尾矿库远景，尾矿库位于矿山南山低洼处，河谷上游，目前已满库停用，长约400 m，宽200～300 m，堆积尾矿量$180×10^4$ m^3。已压占、损毁土地面积9.80 hm^2。(曹健、邓圣为拍摄)

湖南省对面排铜钼矿尾矿库库面，尾矿库总库容$165×10^4$ m^3，有效库容135.3 $×10^4$ m^3，可为规模800 t/d的选厂服务6.4 a。(曹健、邓圣为拍摄)

湖南省由尖山铅锌矿洞里尾矿库库面全景(曹健、邓圣为拍摄)

湖南省由尖山铅锌矿洞里尾矿库加高扩容后全景(曹健、邓圣为拍摄)

湖南省江口铁矿尾矿库，矿山尾矿经矿浆管道输送至尾矿库堆存，每年尾矿产量为42万t，尾矿产率为70%。(曹健、邓圣为拍摄)

湖南省板溪锑矿尾矿库库面(曹健、邓圣为拍摄)

江西省宜春钽铌矿2号尾砂库，2002年投入使用，设计库容4480万 m^3（约1亿t），每年新增量约40万t，2012年经过技术改造后每年尾矿量达到83万t。（舒顺平、舒仲强、曾昭法拍摄）

江西省武宁驼背山锑矿尾砂库，位于大门下矿区北东部2#选厂两侧狭长山谷中，占地面积约12亩。（曾昭法、信伟卫、赖广平拍摄）

江西省聂桥锑金矿老尾矿库，位于选厂附近矿区东侧，占地4.9 hm^2，尚未满库，目前基本停用。（曾昭法、信伟卫、赖广平拍摄）

江西省聂桥锑金矿新尾矿库，位于矿部西侧，呈长条形，以土坝为界，外围为农田，占地2.2 hm^2，高2～5 m。（曾昭法、信伟卫、赖广平拍摄）

江西省七宝山铅锌矿老尾矿库，有效库容 79 万 m^3，目前堆积约 79 万 m^3，已经闭库。（舒顺平、舒仲强拍摄）

江西省七宝山铅锌矿新尾矿库，设计总库容约 310 万 m^3，有效库容为 117 万 m^3，为山谷型四等库（舒顺平、舒仲强拍摄）

江西省银山铅锌矿尾矿库，设计库容为2225万t。(舒顺平、舒仲强拍摄)

江西省鲍家银矿尾矿库，位于矿区的西侧约2.5 km。该尾矿库建成后占地面积14万m^2，总坝高130 m，总库容462万m^3，有效库容393万m^3(舒顺平、舒仲强拍摄)

江西省西华山钨矿牛岗地尾矿库，总坝高 18 m，总库容为 66.44 万 m^3、汇水面积 1.66 km^2，占地 96000 m^2，占地类型为荒地。（舒顺平、舒仲强拍摄）

江西省岿美山钨矿尾矿库，库内总长 6720 m，设计坝高 20 m，设计库容 350×10^4 m^3。（舒顺平、舒仲强拍摄）

江西省浒坑钨矿尾矿库俯瞰图(舒顺平、舒仲强、曾昭法拍摄)

江西省浒坑钨矿尾矿库，位于选厂东北方向约200 m，为“V”型山谷地貌，下游即为浒坑集镇。新尾矿库于1958年开始兴建，1960年初开始启用，设计总库容为1055.58×10^4 m^3。(舒顺平、舒仲强、曾昭法拍摄)

江西省德安彭山锡矿尾矿堆(曾昭法、信伟卫、赖广平拍摄)

江西省德安彭山锡矿老尾矿库(曾昭法、信伟卫、赖广平拍摄)

江西省德安彭山锡矿新尾矿库(曾昭法、信伟卫、赖广平拍摄)

江西省德安彭山锡矿尾矿库地貌，地形北高南低，三面环山，中间由二大冲沟汇合而成。最大库长 500 m，宽约 550 m，库区汇水面积 1.308 km^2。地面标高 85 ~ 234.51 m，最高山顶标高 390 m。库区周边植被发育较好。属山谷型尾矿库。

江西省会昌岩背锡矿原锡矿尾矿库，位于采场西侧岩背河南侧近南北向支沟下游，长约 200 m，宽约 50 m，尾矿坝高约 22 m，为块石浆砌重力坝，库容量约 10 万 m^3，现已堆满弃用。(舒顺平、舒仲强拍摄)

江西省会昌岩背锡矿曲水坑尾矿库：位于黄荆坝尾矿库上游 1850 m 处，建于 2002 年，尾砂坝高约 28.6 m，为块石浆砌重力坝，库容量约 136 万 m^3，现已堆满弃用。（舒顺平、舒仲强拍摄）

江西省盘坑铁矿 1 号老尾矿库，2013 年已闭库，占地面积约 4000 m^2、堆积尾矿约 45000 m^3。（舒顺平、舒仲强拍摄）

江西省天力铁矿的横直坑尾矿库(舒顺平、舒仲强拍摄)

江西省天力铁矿的金山坑尾矿库(舒顺平、舒仲强拍摄)

江西省天力铁矿老尾矿库，是采矿场 1 号尾矿库，目前已经满库，面积约 1500 m^2，堆积尾矿约 15000 m^3，已经治理。新尾矿库，分别是横直坑尾矿库和金山坑尾矿库，位于采矿场南 10 km 外的松山，占地面积 0.130 km^2。

江西省远坑金矿尾矿库，终期坝顶高程定为 180 m，总库容为 25.99×10^4 m^3，总库容利用系数考虑取 0.8，有效库容为 20.792×10^4 m^3。（舒顺平、舒仲强拍摄）

江西省金山金矿 2 号尾矿库，2 号尾矿库设计库容 908×10^4 m^3，有效库容 820 $\times10^4$ m^3。（舒顺平、舒仲强拍摄）

江西省花桥金矿 2 号尾矿库，位于矿区外围，距矿大门约 250 m 南侧的沟谷中，占地面积约 27.5 hm^2，有效库容为 210.84×10^4 m^3，属三等库。（舒顺平、舒仲强拍摄）

江西省花桥金矿 3 号尾矿库，位于选矿厂西南方向约 1.0 km 的山沟中，占地面积约 15.9 hm^2，有效库容为 329.28×10^4 m^3，属三等库。（舒顺平、舒仲强拍摄）

江西省武山铜矿尾矿库，为山谷型尾矿库，位于紧邻赤湖的山谷中，尾矿库扩容工程位于尾矿库下游的赤湖湖湾，采用三面筑坝方式。尾矿存放量为 933 万 t。(舒顺平、舒仲强拍摄)

江西省弋阳旭日铜矿 1 号尾矿库，占地 25 余亩，堆积尾矿约 20 万 t，已于 2000 年闭坑。(舒顺平、舒仲强拍摄)

江西省弋阳旭日铜矿 2 号尾矿库，设计库容 123 万 m^3。(舒顺平、舒仲强拍摄)

江西省德兴铜矿 4 号尾矿库(舒顺平、舒仲强拍摄)

江西省德兴铜矿4号尾矿库(舒顺平、舒仲强拍摄)

江西省德兴铜矿4号尾矿库为目前正在使用的最大铜矿尾矿库，有亚洲第一坝称号。设计库容8.35亿t，接纳大山选厂尾矿。

江西省东乡铜矿尾矿库，位于选矿厂西侧2.5 km的乌石源山谷中，有效库容$320\times10^4\ m^3$。(舒顺平、舒仲强拍摄)

江西省城门山铜矿尾矿库，位于采场东侧，赛湖外围，占地面积 1675 亩。（曾昭法、信伟卫拍摄）

广东省大宝山多金属矿矿区东北部的尾矿库，位于大宝山东北约 1 km，距沙溪镇 17 km。主要构筑物由黏土斜墙堆石坝、溢洪道和带排水斜槽的导流管组成。尾矿库总坝高 53.80 m，总库容 1050 万 m^3，为三级库。（汪礼明、刘东宏、王涌泉拍摄）

广东省高州市大岭坡矿区的尾矿库之一，矿区年产尾矿量1.63万m^3，至矿山服务期满，共产尾矿约11.49万m^3，尾矿集中堆存在尾矿库中，尾矿库堆存的尾矿改变了库区原地形地貌，占地面积44032 m^2。（王赛蒙、王涌泉拍摄）

广东省高州市大岭坡矿区的尾矿库之二（王赛蒙、王涌泉拍摄）

广东省连南瑶族自治县大麦山矿业场铜多金属矿矿区的尾矿库，选厂生产规模为100 t/d，每天有94.86 t的固体废弃物进入尾矿库，将固体废弃物有序堆存于尾矿库中可有效防止对下游环境的污染。（王胜、王涌泉拍摄）

广东省凡口铅锌矿矿区的废弃1#尾矿库，其上已经有植被开始生长，尾矿痕迹逐渐消失。（汪礼明、刘东宏、王涌泉现场拍摄）

广东省凡口铅锌矿矿区正使用的尾矿库，矿区尾矿年产生量约为 55 万 t，其中 50% 用于井下充填，50% 在尾矿库贮存。（汪礼明、刘东宏、王涌泉拍摄）

广东省凡口铅锌矿矿区的尾矿细矿堆置区。（汪礼明、刘东宏、王涌泉拍摄）

广东省云安区高枨铅锌矿矿区的尾矿库，主要存放选矿产生的尾矿。（王赛蒙、王涌泉拍摄）

广东省翁源县红岭钨矿矿区的尾矿库之一，主要存放选矿产生的尾矿。（汪礼明、刘东宏、王涌泉拍摄）

广东省翁源县红岭钨矿矿区的尾矿库之二，主要存放选矿产生的尾矿。(汪礼明、刘东宏、王涌泉拍摄)

广东省连州市小带锰矿矿区的废弃尾矿库，废弃前主要存放选矿产生的尾矿。(汪礼明、刘东宏拍摄)

广东省封开县金装板梯矿段长滩头聂河生金矿矿区的新建尾矿库，矿山选矿作业所产生的尾矿经尾矿沟流入库内，集中堆存于新建的尾矿库中。（王赛蒙、王涌泉拍摄）

广东省东源县深坑铁矿矿区的老尾矿库，存放矿山选矿作业所产生的尾矿。（汪礼明、刘东宏拍摄）

广东省乳源瑶族自治县瑶婆山铁铅锌矿矿区的尾矿库，存放矿山选矿作业所产生的尾矿。(王胜、王涌泉拍摄)

广西壮族自治区佛子冲铅锌矿简冲工区尾矿库。简冲工区目前处于整合阶段，尚未开始使用。(李世通拍摄)

广西壮族自治区佛子冲铅锌矿河三尾矿库。河三尾矿库已闭库，外围截排水沟、灌溉水沟共1297 m。(李世通拍摄)

广西壮族自治区佛子冲铅锌矿古益尾矿库(主坝)。古益尾矿库外围截排水沟3273 m。(李世通拍摄)

广西壮族自治区渌井铅锌矿 1#尾矿库，位于选矿厂下游约 0.5 km，所处地形为喇叭型沟谷，尾矿库面积约 3650 m^2，南侧采用黏土修建尾矿坝，坝高约 8 m。(欧强拍摄)

广西壮族自治区龙头山金矿葛麻冲尾矿库，该库为新规划的尾矿库，库容量 212 万m^3。(矿山提供)

广西壮族自治区高龙金矿矿区露天堆场及尾矿库（欧强拍摄）

广西壮族自治区资源县钨矿1号尾矿库（欧强拍摄）

广西壮族自治区马岭铜矿尾矿库，位于选矿厂东部约 100 m 处的山槽内，库型属山谷型。尾矿库设计终期坝面标高为+280 m，坝底地面标高+255 m，总坝高为 25 m，几何库容为 41.95 万m^3，设计将库区标高 271 m 以下划定为一期尾矿库，一期尾矿库几何库容为 10.4 万m^3。尾矿坝已经堆积六层子坝，坝顶标高为 271 m。（矿山提供）

广西壮族自治区德保铜矿尾矿库现状。该库位于矿区西北角，选厂西北面封闭洼地。经过 30 多年的尾矿渣堆积，尾矿库内目前堆放尾矿的厚度约为 20 m，堆放的尾矿体积约 210 万m^3。形成了大面积淤积，其中破坏影响面积达 13.54hm^2。（李世通拍摄）

广西壮族自治区五一锡矿大福楼尾矿库(李世通拍摄)

广西壮族自治区龙合铝土矿已使用的排泥库。排泥库四周为山地，西面山坡有公路，库内无居民。排泥库设计总库容约 2589.46 万m^3，有效库容约 2495.10 万m^3，服务年限约 13 年。(李世通拍摄)

广西壮族自治区敬德铝土矿龙山排泥库。龙山排泥库位于农林屯西南面 4.3 km 的洼地。(欧强拍摄)

四、废水

湖南省水口山铅锌矿的斋家冲尾矿库溢流进入整治后的康家溪（曹健、邓圣为拍摄）

湖南省川口钨矿六中段采矿水回收利用装置，废水经沉淀处理后作为生产水的主要给水水源。(曹健、邓圣为拍摄)

湖南省麻阳铜矿的废水沉淀池，通过该沉淀池可使选矿废水循环利用。(曹健、邓圣为拍摄)

湖南省柿竹园多金属矿柴山选厂尾矿库排水口Ⅰ(曹健、邓圣为拍摄)

湖南省柿竹园多金属矿柴山选厂尾矿库排水口Ⅱ(曹健、邓圣为现场拍摄)

排往尾矿库的每日净增总废水量约为19778 m^3，采用铸儿管道连同尾矿一起自流输送到尾矿库附近的总废水处理站，再经“漂白粉法”处理废水，最后澄清后直排东河。

湖南省湘西金矿 2 号尾矿库废水排向尾矿库下面的溪流(曹健、邓圣为拍摄)

湖南省江东金矿烧牛坡尾矿库的废水沉淀处理站，矿山选矿尾矿库溢流水经沉淀和净化处理后全部回用于选矿。生活废水经一体化处理后排入尾矿库，并最终送选厂回用。(曹健、邓圣为拍摄)

湖南省柏坊铜矿矿区内污水沉淀池，矿山废水每年的排放量有300万t左右，采用环保措施是石灰中和、沉淀。(曹健、邓圣为拍摄)

湖南省宝山铅锌银矿废水处理厂内部(曹健、邓圣为现场拍摄)

矿区选矿废水先随选矿尾矿排入尾矿库澄清后，再通过废水处理厂处理，然后全部打入综合回收选厂高位混水池回用，无废水外排。

湖南省对面排铜钼矿尾矿库溢流沉淀池，矿区选矿废水除部分厂前回用外，其余部分随尾矿一并经管道输送排入尾矿库，在尾矿库经澄清处理后返回选矿厂循环利用。(曹健、邓圣为拍摄)

湖南省双发锰矿的污水处理厂，矿区废水主要是井下涌水、地面生产区淋滤水、生活污水。污水根据不同井口排向下游民乐、排吾和猫儿唐家三座污水处理厂处理，达标后外排。(曹健、邓圣为拍摄)

湖南省渣滓溪锑矿的废水处理厂，矿区选矿废水流入循环水池，沉淀降解后回用选矿，不外排。（曹健、邓圣为拍摄）

江西省聂桥锑金矿采区的采坑积水，经水样抽样检测，该矿区内部分水质样品超过Ⅴ类标准值，主要是镉、砷元素浓度超标。（曾昭法、信伟卫、赖广平拍摄）

江西省德兴银山铅锌矿污水排放。该矿区的总排水口年排水量300万t，同时矿区及外围水体受到一定污染，水体中普遍存在镉元素超标。(舒顺平、舒仲强拍摄)

江西省万年昌港银金矿的矿区废水。该矿区矿坑总排水量旱季为1～5 t/d，雨季为5～10 t/d，矿坑涌水量小，选矿厂生产用水循环利用，废水排放量少。(舒顺平、舒仲强拍摄)

江西省鲍家银矿排污口，该矿区采矿坑内每天排出废水，最大排水量约2919.78 m^3/d。(舒顺平、舒仲强拍摄)

江西省西华山钨矿438坑口及排水。通过水样检测，发现该矿区内水质样品大多镉元素浓度超标，达到污染程度，矿区周边个别水质样品达到污染程度。(舒顺平、舒仲强拍摄)

江西省官庄钨矿坑道排水口。该矿区采矿坑内每天排出废水，最大排水量约 350 m^3/d，自流至地表。（舒顺平、雷建、何登华拍摄）

江西省岿美山钨矿矿坑排水口。经水样抽样检测，发现矿区内及矿区周边部分水质样品镉元素浓度超标，达到污染程度。（舒顺平、舒仲强拍摄）

江西省浒坑钨矿污水排放。经水样抽样检测，发现矿区及周边受矿山及居民生活影响，部分水质中镉元素超标，达到污染程度。（舒顺平、舒仲强、曾昭法拍摄）

江西省盘坑铁矿污水排放(舒顺平、舒仲强拍摄)

江西省盘坑铁矿老窿口(舒顺平、舒仲强拍摄)

江西省盘坑铁矿经水样抽样检测，发现矿区内水质只在废石堆处一样品中镉元素含量超标，为Ⅴ类水，矿区周边只在农田一样品中汞元素含量稍微超标，达到污染程度。

江西省永平铜矿2号库排水口。该矿区经水样抽样检测，发现矿区及外围水土均受到污染，砷、镉元素普遍超标，铅元素局部超标。(舒顺平、雷建、舒仲强拍摄)

江西省弋阳旭日铜矿矿区排水沟，矿区年排水量 50 万 t。(舒顺平、舒仲强拍摄)

江西省德兴铜矿南山废石堆积水池(舒顺平、舒仲强拍摄)

江西省德兴铜矿泗州河排污口，泗州河总排水口年排水量300万t，尾矿库溢出水量2100万t(舒顺平、舒仲强拍摄)

江西省东乡铜矿的尾矿库排污渠，矿山溢流水排放量平均为4224 m^3/d，达到排放要求后排入竹山河。(舒顺平、舒仲强拍摄)

广东省宝山铁矿矿区的湖水(曹志良、王模坚拍摄)

广东省龙门县茶排铅锌矿矿区的截洪沟(曹志良、王模坚拍摄)

广东省龙门县茶排铅锌矿矿区(环保塘)(曹志良、王模坚拍摄)

广东省龙门县茶排铅锌矿矿区(曹志良、王模坚拍摄)

广东省龙门县茶排铅锌矿矿区的环保塘排水口(曹志良、王模坚拍摄)

广东省大宝山多金属矿矿区的槽对坑尾矿库外排水处理厂，污水处理厂规模为20000 t/d，该污水处理厂于2009年建成，2009年12月通过了环保验收，确保了槽对坑尾矿库外排水处理后达标排放。(汪礼明、刘东宏、王涌泉拍摄)

广东省大宝山多金属矿矿区的排土场下流李屋拦泥坝沉淀水的排放，在库区下游建一座处理规模 $Q=15000\ m^3/d$ 的外排水处理厂，采用调节池+一级混凝沉淀+二级混凝沉淀的废水工艺。(汪礼明、刘东宏、王涌泉拍摄)

广东省连平县大尖山铅锌矿矿区的湖水(曹志良、王模坚拍摄)

广东省凡口铅锌矿矿区的选矿废水回收系统(汪礼明、刘东宏、王涌泉拍摄)

广东省云安区高枨铅锌矿矿区治理后的废水(王赛蒙、王涌泉拍摄)

广东省连南瑶族自治县寨南称架麦凹铜锌矿矿区的窿口，主要用途是排出矿硐内的水。（王胜、王涌泉拍摄）

广东省封开县金装板梯矿段长滩头聂河生金矿矿区封堵的老窿（王赛蒙、王涌泉拍摄）

广东省封开县金装板梯矿段长滩头聂河生金矿矿区的板梯河（王赛蒙、王涌泉拍摄）

广东省东源县深坑铁矿矿区的截洪排水沟入口，截洪排水沟的主要用途是疏通矿区产生的洪水。（汪礼明、刘东宏收集）

广东省东源县深坑铁矿矿区的一号窿口，主要用途是排出矿硐内的水。(汪礼明、刘东宏收集)

广东省东源县深坑铁矿矿区尾矿坝东侧的涵洞，主要用途是排出矿硐内的水。(汪礼明、刘东宏收集)

广东省阳春市锡山矿区锡钨矿矿区的排水沟，主要用途是排出矿硐内的水。(田云、王涌泉拍摄)

广西壮族自治区资源县钨矿矿区南废水沉淀池(欧强拍摄)

广西壮族自治区马岭铜矿尾矿库沉淀池(图片为矿山提供)

广西壮族自治区五一锡矿460坑口沉淀池。460坑口采矿废水水量为350 m^3/d。(李世通拍摄)

广西壮族自治区五一锡矿第一干堆场渗滤液收集池。收集池的有效库容积约为 3000 m^3，能满足堆场渗滤液存放的需求。(李世通拍摄)

广西壮族自治区五一锡矿尤鱼冲尾矿干堆场渗滤液收集池(李世通拍摄)

广西壮族自治区五一锡矿竖井废水处理站排水口(李世通拍摄)

广西壮族自治区五一锡矿竖井废水处理站排水口西面的刁江。刁江受污染严重，主要污染源是大厂及车河的选矿厂，主要污染物是砷，废水中的砷主要来源于选矿的尾矿砂。(李世通拍摄)

广西壮族自治区敬德铝土矿龙山排泥库运行前期。龙山排泥库位于农林屯西南面 4.3 km 的洼地，农林选矿厂洗矿后的矿泥等通过 4 根直径 40 cm 的排泥管输送到龙山排泥库储存。（图片来源于广西壮族自治区地质调查院）

广西壮族自治区敬德铝土矿龙山排泥库泄漏造成泉水变浑。在其下游约 2 km 的坡珠屯有 2 个泉（S0316、S0316-1）发现泉水变浑浊，于 2008 年 3 月 22 日泉水变为棕黄色，浑水流到下游 1.8 km 的枯风屯汇入庞凌河后，由于受到稀解才变清。（图片来源于广西壮族自治区地质调查院）

广西壮族自治区敬德铝土矿龙山排泥库泄漏位置。2008 年 3 月龙山排泥库泄漏造成污染。(图片来源于广西壮族自治区地质调查院)

广西壮族自治区敬德铝土矿龙山排泥库堵漏后泉水变清。泉水于 2008 年 3 月 22 日变棕黄色,浑水流到下游 1.8 km 的枯风屯汇入庞凌河后,由于受到稀解才变清。(图片来源于广西壮族自治区地质调查院)

广西壮族自治区敬德铝土矿泄漏口前已筑坝拦水(欧强拍摄)

五、生态复垦

湖南省水口山铅锌矿尾矿库复垦，尾矿库目前已停止使用，矿方投资 20 万元对其进行覆土绿化，目前复垦绿化率达到了 75%，复垦面积约为 15 hm^2，仍有 5.24 hm^2 的库面未进行复垦。(曹健、邓圣为拍摄)

湖南省麻阳铜矿已闭坑的1号尾矿库正在复垦(曹健、邓圣为拍摄)

湖南省柿竹园多金属矿千吨尾矿库坡面复垦，矿山在尾矿库上覆土，将40 cm厚的表层覆土覆盖到尾矿表层，然后在尾矿库坡面种草。(曹健、邓圣为拍摄)

湖南省湘西金矿已闭库的 2 号尾矿库复垦情况(曹健、邓圣为拍摄)

湖南省锡矿山锑矿锌厂前面正在填土复垦，2010 年，锡矿山地区生态恢复工作正式启动，锡矿山地区被列为全市植树造林基地。2012 年底，“绿化冷水江四年行动计划”启动，把绿化锡矿山作为重中之重，统一规划、分片包干，力争通过 4 年左右的努力，实现锡矿山地区绿色全覆盖。(曹健、邓圣为拍摄)

湖南省平江万古金矿剪刀冲尾矿库复垦，矿山对于尾矿库严格按照闭库设计完成闭库复垦工作，并做好复垦后的管护工作。(曹健、邓圣为拍摄)

湖南省香花岭锡矿废弃尾矿库已复垦的库面(曹健、邓圣为拍摄)

湖南省香花岭锡矿废弃尾矿库已复垦的坝体(曹健、邓圣为拍摄)

湖南省对面排铜钼矿正在复垦的尾矿库坝体，复垦措施是进行覆土，种植马尾松、楠竹、湿地松、杉木等树种。(曹健、邓圣为拍摄)

湖南省湘潭锰矿已复垦的小浒尾矿库(曹健、邓圣为拍摄)

湖南省渣滓溪锑矿已复垦的尾矿库(曹健、邓圣为拍摄)

湖南省渣滓溪锑矿正在复垦的尾矿库，矿山对已闭库的尾矿库进行了及时复垦，种植了草丛，采用植物提取技术，修复了尾渣库的重金属污染区。(曹健、邓圣为拍摄)

江西省宜春钽铌矿尾矿库复垦图(舒顺平、舒仲强、曾昭法拍摄)

江西省宜春钽铌矿尾矿库复垦图(舒顺平、舒仲强、曾昭法拍摄)

矿区破坏山地面积 109.45 hm^2，1 号尾矿库进行清理整治复垦，其面积达 300 亩。

江西省七宝山铅锌矿废石堆复垦，矿区正常生产，采矿工程场地目前未复垦，但废弃的原铁矿尾矿库、废石堆已经部分复垦绿化。(舒顺平、舒仲强拍摄)

江西省德兴银山铅锌矿排土场复垦图之一（舒顺平、舒仲强拍摄）

江西省德兴银山铅锌矿排土场复垦图之二（舒顺平、舒仲强拍摄）

江西省德兴银山铅锌矿在废弃的西区排土场种植植被，南山排土场已经完成绿化，尾矿库周边、露天采矿场周边生态环境保护较好。一些废弃地开始恢复植被，主要有尾矿库坝面、排土场的植被恢复。

江西省鲍家银矿的鲍家冲尾矿库复垦，植被基本恢复。（舒顺平、舒仲强拍摄）

江西省鲍家银矿的蒋坑尾矿库库坝面恢复绿化（舒顺平、舒仲强拍摄）

江西省岿美山钨矿废弃窿口复垦，目前矿区正常生产，还未进行生态恢复，但部分闭库的窿口及周边自然生态恢复较好。（舒顺平、舒仲强拍摄）

江西省浒坑钨矿新尾矿库植被复垦(舒顺平、舒仲强、曾昭法拍摄)

江西省浒坑钨矿对土地(耕地、林地)、植被资源占用总面积55.6 hm^2，尾矿库、废石堆、排土场等对原始地形地貌破坏严重。目前矿区正常生产，还未进行生态恢复，仅对闭库的老尾矿库实施了绿化工程，新尾矿库坝面平台植被、地面变形区植被正在自然恢复

江西省木子山稀土矿植被复垦，矿山自1993年开采以来，地表开挖较严重，随着采矿工艺的改进，矿区生态环境得到改善，但大部分区域仍未复垦。(舒顺平、舒仲强拍摄)

江西省石排废弃稀土矿尾矿库治理效果图(舒顺平、舒仲强、曾昭法拍摄)

江西省石排废弃稀土矿河道治理效果图(舒顺平、舒仲强、曾昭法拍摄)

江西省石排废弃稀土矿的治理效果图(舒顺平、舒仲强、曾昭法拍摄)

江西省石排废弃稀土矿的生态恢复效果图(舒顺平、舒仲强、曾昭法拍摄)

江西省开子崇稀土矿矿区环境恢复图(舒顺平、舒仲强拍摄)

江西省开子崇稀土矿矿区新种植植被（舒顺平、舒仲强拍摄）

江西省开子崇稀土矿矿山采矿采剥面、原堆浸开采区和排土场面积分别为 79563 m^2、195177 m^2 和 111162 m^2，占破坏总面积的 19%、47% 和 27%，破坏土地类型均为林地，面积大。沟谷淤积面积约为 29059 m^2，占破坏总面积的 7%。

江西省天力铁矿露采场复垦，矿区生产废石、尾矿库占用林地面积约 13 万 m^2，还未复垦，仅对废弃的 1 号尾矿库进行了生态修复，露采坑植被自然恢复较好。（舒顺平、舒仲强拍摄）

江西省远坑金矿尾矿库坝面(舒顺平、舒仲强拍摄)

江西省远坑金矿废石堆(舒顺平、舒仲强拍摄)

江西省远坑金矿矿山注重在开发中保护、在保护中开采，矿山废石堆已绿化面积6000 m^2，尾矿坝面全面绿化，周边生态恢复较好。

江西省金山金矿的矿区绿化效果图(舒顺平、舒仲强拍摄)

尾矿库复垦效果图(舒顺平、舒仲强拍摄)

江西省金山金矿目前处于生产阶段，还未全面复垦，但矿山注重在开发中保护、在保护中开采，厂区实施了绿化工程，废弃的尾矿库、早期露天采矿场生态环境得到改善和恢复。

江西省永平铜矿岩石边坡植被复垦(舒顺平、雷建、舒仲强拍摄)

江西省永平铜矿排土场复垦(舒顺平、雷建、舒仲强拍摄)

江西省永平铜矿对露采闭坑的岩石边坡和排土场进行治理，种植树、竹、藤等18个物种14.7万株，成活率达86.5%。20多年来，该矿工业用地植草种树、园林化面积达100 hm^2，行政生活区及其他用地绿化面积约90 hm^2，总计绿化面积280 hm^2。

江西省弋阳旭日铜矿1号尾矿库，自然恢复面积约15亩。（舒顺平、舒仲强拍摄）

江西省弋阳旭日铜矿主坝口的植被恢复，面积约20亩。（舒顺平、舒仲强拍摄）

江西省德兴铜矿植被复垦。413排土场恢复林地面积200亩，为国家林业局科技成果推广项目《南方矿山废弃地植被恢复技术推广示范项目》。(舒顺平、舒仲强拍摄)

江西省德兴铜矿尾矿库植被复垦(舒顺平、舒仲强拍摄)

江西省德兴铜矿植被复垦，1号尾矿库平台通过清理，春夏两季绿茵茵一片，其绿化面积达3000亩。坝底部分平台已种上了蔬菜、红薯，恢复了耕作土质。(舒顺平、舒仲强拍摄)

江西省东乡铜矿地面塌陷点植被复垦(舒顺平、舒仲强拍摄)

江西省东乡铜矿排土场植被复垦，矿山注重在开发中保护、在保护中开采，同时在尾矿库主坝、排土场开展了复垦试点。(舒顺平、舒仲强拍摄)

广东省白石嶂钼矿复垦的2#尾矿库，为了减少水土流失，矿区开始恢复尾矿库区植被，改善项目区景观。(王胜、王涌泉拍摄)

广东省白石嶂钼矿矿区的复绿，目的是为了减少水土流失，改善项目区景观。（王胜、王涌泉拍摄）

广东省海丰县长埔矿区锡矿矿区的复绿之一，目的是为了减少水土流失，改善项目区景观。（王胜、王涌泉拍摄）

广东省海丰县长埔矿区锡矿矿区的复绿之二，目的是为了减少水土流失，改善项目区景观。(王胜、王涌泉拍摄)

广东省海丰县长埔矿区锡矿矿区的复绿之三，目的是为了减少水土流失，改善项目区景观。(王胜、王涌泉拍摄)

广东省韶关市武江区赤老顶矿区锑矿矿区的复绿之一，根据矿区自然条件和当地的造林经验，优选乔木树种为乡土树种马尾松或樟树，并配置灌木山毛豆以及草本植物芒草等乡土植物，乔木、灌木按 7∶3 比例套种，其余空地撒播草籽。（王胜、王涌泉拍摄）

广东省韶关市武江区赤老顶矿区锑矿矿区的复绿之二，目的是为了减少水土流失，改善项目区景观。（王胜、王涌泉拍摄）

广东省大宝山多金属矿矿区的土地复垦，为了减少水土流失，改善项目区景观，根据土地的可复垦标准和复垦要求，矿区采场顶部坡段已进行了土地复垦工作，主要在台阶平台上种植乔木、灌木进行绿化，种植面积约3.0 hm^2。（汪礼明、刘东宏、王涌泉收集）

广东省大宝山多金属矿矿区的东北部排土场土地复垦，目的是为了减少水土流失，改善项目区景观。（汪礼明、刘东宏、王涌泉收集）

广东省大宝山多金属矿矿区的南部排土场土地复垦，目的是为了减少水土流失，改善项目区景观。（汪礼明、刘东宏、王涌泉收集）

广东省大宝山多金属矿矿区的中东部排土场土地复垦，目的是为了减少水土流失，改善项目区景观。（汪礼明、刘东宏、王涌泉收集）

广东省英德市九龙镇大沟谷金矿矿区的土地复垦，为了减少水土流失，根据矿区地形，结合实际情况，选种马尾松、紫穗槐，同时散播草籽。形成“草、灌、乔”相结合的立体生态景观。（王胜、王涌泉拍摄）

广东省英德市九龙镇大沟谷金矿矿区的复绿之一，为了减少水土流失，建立“草、灌、乔”相结合的立体生态景观。（王胜、王涌泉拍摄）

广东省英德市九龙镇大沟谷金矿矿区的复绿之二，为了减少水土流失，建立“草、灌、乔”相结合的立体生态景观。（王胜、王涌泉拍摄）

广东省连平县大尖山铅锌矿矿区的复绿之一，为了减少水土流失，建立“草、灌、乔”相结合的立体生态景观。（曹志良、王模坚拍摄）

广东省连平县大尖山铅锌矿矿区的复绿之二，为了减少水土流失，建立“草、灌、乔”相结合的立体生态景观。(曹志良、王模坚拍摄)

广东省连平县大尖山铅锌矿矿区的复绿之三，为了减少水土流失，建立“草、灌、乔”相结合的立体生态景观。(曹志良、王模坚拍摄)

广东省高州市大岭坡金矿矿区的复绿，为了减少水土流失，建立“草、灌、乔”相结合的立体生态景观。（王赛蒙、王涌泉拍摄）

广东省高州市大岭坡金矿矿区的尾矿库复垦，根据矿区地形，结合实际情况，选取矿山原有的植物物种进行绿化。（王赛蒙、王涌泉拍摄）

广东省高州市大岭坡金矿矿区的尾矿堆修复，根据矿区地形，结合实际情况，选取矿山原有的植物物种进行绿化。（王赛蒙、王涌泉拍摄）

广东省高州市大岭坡金矿矿区的复绿，根据矿区地形，结合实际情况，选取矿山原有的植物物种进行绿化。（王赛蒙、王涌泉拍摄）

广东省连南瑶族自治县大麦山矿业场铜多金属矿矿区的复绿之一，栽种植物主要有：马尾松、苦楝、椿树、樟树、胡枝子、葛藤、芒萁、狗牙根，对矿区进行生态恢复，最终形成“草、灌、乔”相结合的立体生态景观。（王胜、王涌泉拍摄）

广东省连南瑶族自治县大麦山矿业场铜多金属矿矿区的复绿之二，栽种植物主要有：葛藤、芒萁、狗牙根，对矿区进行生态恢复，最终形成“草、灌、乔”相结合的立体生态景观。（王胜、王涌泉拍摄）

广东省连南瑶族自治县大麦山矿业场铜多金属矿矿区的复绿之三，栽种植物主要有：马尾松、苦楝、椿树、樟树、胡枝子、葛藤、芒萁、狗牙根，对矿区进行生态恢复，最终形成“草、灌、乔”相结合的立体生态景观。（王胜、王涌泉拍摄）

广东省连南瑶族自治县寨岗镇姓坪村刀肖劣钼矿矿区的复绿之一，为了减少水土流失，建立“草、灌、乔”相结合的立体生态景观。（王胜、王涌泉拍摄）

广东省连南瑶族自治县寨岗镇姓坪村刀肖劣钼矿矿区的复绿之二，为了减少水土流失，建立“草、灌、乔”相结合的立体生态景观。（王胜、王涌泉拍摄）

广东省凡口铅锌矿矿区的塌陷复垦区之一，对于塌陷区域一般将其填充夯实，个别地段采用混凝土浇筑，在其上覆盖一层厚约30 cm的渗透性较好的黏土，并覆盖一层自然土均匀压实，在覆土上种植适合的植被，或继续作为耕植土种植农作物，以保护环境。（汪礼明、刘东宏、王涌泉拍摄）

广东省凡口铅锌矿矿区的塌陷复垦区之二，对稳定区或相对稳定区的原沉降塌陷区，包括矿区外围被毁的500多亩耕地和400多亩宅地、旱地，作为矿山生产和生活设施用地、农村回迁用地及耕地。（汪礼明、刘东宏、王涌泉拍摄）

广东省云安区高枨铅锌矿矿区的复垦。为了减少水土流失，对矿区部分区域复垦为耕地。（王赛蒙、王涌泉拍摄）

广东省云安区高枨铅锌矿矿区的复绿，为了减少水土流失，建立“草、灌、乔”相结合的立体生态景观。（王赛蒙、王涌泉场拍摄）

广东省梅县隆文镇江上—苏溪铁矿矿区的复绿之一，对矿区范围内存在的露采迹地进行生态恢复治理，并按照土地复垦和水土保持等方案进行复垦、复绿。（王胜、王涌泉拍摄）

广东省梅县隆文镇江上—苏溪铁矿矿区的复绿之二，对矿区范围内存在的露采迹地进行生态恢复治理，并按照土地复垦和水土保持等方案进行复垦、复绿。(王胜、王涌泉拍摄)

广东省龙川县矿山宝铁矿矿区的复绿之一，根据矿区自然条件和当地有关部门的营林经验，优选乔木树种并配置本地灌木，乔木、灌木按7∶3比例套种，其余空地种草，形成“草、灌、乔”相结合的立体生态景观。(曹志良、王模坚拍摄)

广东省龙川县矿山宝铁矿矿区的复绿之二，为了减少水土流失，形成“草、灌、乔”相结合的立体生态景观。(曹志良、王模坚拍摄)

广东省韶关市连南姓坪钼矿矿区的复绿之一，根据矿区自然条件和当地有关部门的营林经验，优选乔木树种并配置本地灌木，其余空地种草，形成“草、灌、乔”相结合的立体生态景观。(王胜、王涌泉拍摄)

广东省韶关市连南姓坪钼矿矿区的复绿之二，为了减少水土流失，形成“草、灌、乔”相结合的立体生态景观。（王胜、王涌泉拍摄）

广东省连南瑶族自治县寨南称架麦凹铜锌矿矿区的复绿之一，根据矿区自然条件和当地有关部门的营林经验，优选乔木树种并配置本地灌木，乔木、灌木按7:3比例套种，其余空地种草，形成“草、灌、乔”相结合的立体生态景观。（王胜、王涌泉拍摄）

广东省连南瑶族自治县寨南称架麦凹铜锌矿矿区的复绿之二，为了减少水土流失，形成“草、灌、乔”相结合的立体生态景观。（王胜、王涌泉拍摄）

广东省韶关梅子窝矿矿区的复绿之一，由于矿区以丘陵山区地貌为主，地形地貌景观破坏治理可根据实践情况，采用覆土、植树、种草等措施，以修复生态。（王胜拍摄）

广东省韶关梅子窝矿矿区的复绿之二，为了减少水土流失，形成“草、灌、乔”相结合的立体生态景观。（王胜拍摄）

广东省封开县金装板梯矿段长滩头聂河生金矿矿区的复绿之一，根据矿区地形，结合实际情况，选取当地适宜生长的植物进行绿化，采用覆土、植树、种草等措施，以修复生态，形成“草、灌、乔”相结合的立体生态景观。（王赛蒙、王涌泉拍摄）

广东省封开县金装板梯矿段长滩头聂河生金矿矿区的复绿之二，根据矿区地形，结合实际情况，选取当地适宜生长的植物进行绿化。（王赛蒙、王涌泉拍摄）

广东省信宜市贵子镇深垌锰矿矿区的复绿之一，根据矿区地形，结合实际情况，选取当地适宜生长的植物进行绿化。（王赛蒙、王涌泉拍摄）

广东省信宜市贵子镇深垌锰矿矿区的复绿之二，根据矿区地形，结合实际情况，选取当地适宜生长的植物进行绿化。(王赛蒙、王涌泉拍摄)

广东省韶关石人嶂矿区的复绿之一，根据矿区地形，结合实际情况，选取当地适宜生长的植物进行绿化。(王胜拍摄)

广东省韶关石人嶂矿区的复绿之二，根据矿区地形，结合实际情况，选取当地适宜生长的植物进行绿化。（王胜拍摄）

广东省新兴县天堂铜铅锌多金属矿区的复绿之一，矿区露天开采结束后，将开采中剥离的废弃岩土回填至采空区。将开采前剥离的表土覆盖在平整后的地表，以恢复植被或种树种草。植被恢复采用“草、灌、乔”相结合的方式，并适当扩大乔木种植比例。（田云、王涌泉拍摄）

广东省新兴县天堂铜铅锌多金属矿区的复绿之二，根据矿区地形，结合实际情况，选取当地适宜生长的植物进行绿化。（田云、王涌泉拍摄）

广东省新兴县天堂铜铅锌多金属矿区的复绿之三，根据矿区地形，结合实际情况，选取当地适宜生长的植物进行绿化。（田云、王涌泉场拍摄）

广东省阳春市锡山矿区锡钨矿区的复绿之一，根据矿区地形，结合实际情况，选取当地适宜生长的植物进行绿化。（田云、王涌泉拍摄）

广东省阳春市锡山矿区锡钨矿区的复绿之二，根据矿区地形，结合实际情况，选取当地适宜生长的植物进行绿化。（田云、王涌泉拍摄）

广东省乳源瑶族自治县天门嶂西云寺铁矿区的复绿之一，根据矿区地形，结合实际情况，采用“草、灌、乔”结合方式恢复植被。植树面积为0.8 hm^2，种植密度为1600株/hm^2，需种树苗1280株。（王胜、王涌泉拍摄）

广东省乳源瑶族自治县天门嶂西云寺铁矿区的复绿之二，根据矿区地形，结合实际情况，选取当地适宜生长的植物进行绿化。（王胜、王涌泉拍摄）

广东省乳源瑶族自治县瑶婆山铁铅锌矿区的复绿之一，根据矿区地形，结合实际情况，选取当地适宜生长的植物进行绿化。（田云、王涌泉拍摄）

广东省乳源瑶族自治县瑶婆山铁铅锌矿区的复绿之二，根据矿区地形，结合实际情况，选取当地适宜生长的植物进行绿化。（田云、王涌泉拍摄）

广西壮族自治区明山金矿封存复绿的堆淋场(欧强拍摄)

广西壮族自治区大新锰矿布康排土场局部地段已复垦(李世通拍摄)

广西壮族自治区佛子冲铅锌矿河三废石场(复垦中)(李世通拍摄)

广西壮族自治区北山铅锌矿整治后的河道。该场地纳入了才秀河沉积尾砂清理工程(一期)，是国家规划的民生保障类重金属治理项目，投资550万元对才秀河河道及其上游两岸和八采地表铁矿开采区进行土地治理，并于2015年完成整治。(欧强拍摄)

广西壮族自治区北山铅锌矿恢复治理后的效果图(欧强拍摄)

广西壮族自治区德保铜矿Ⅰ号矿段治理恢复现状。2005 年 3—5 月矿山已在Ⅰ号矿段修建了砼、毛石挡土墙，防止崩塌、滑坡发生及废渣流失。同时种上树种，经过几年的生长，已基本有植被覆盖，矿区经治理后地形地貌景观得到了恢复。2005 年在 6801 废石场南部种有相思树，目前该批树种已长至 6 ~ 7 m，景观逐渐恢复。(李世通拍摄)

广西壮族自治区德保铜矿 KD6801 废石场治理恢复现状(李世通拍摄)

广西壮族自治区五一锡矿已复垦的第一干堆场(李世通拍摄)

广西壮族自治区龙合矿区 LH14 采坑局部已复垦(李世通拍摄)

广西壮族自治区龙合矿区 LH15 采坑局部已复垦(李世通拍摄)

广西壮族自治区龙合矿区 LH16 采坑局部已复垦(李世通拍摄)

图书在版编目（CIP）数据

南方丘陵山区矿山生态环境图册／崔益安等著.
—长沙：中南大学出版社，2019.12
（南方丘陵山区矿山环境科考丛书）
ISBN 978-7-5487-3804-6

Ⅰ.①南… Ⅱ.①崔… Ⅲ.①丘陵地—矿山环境—生态环境—中国—图集 Ⅳ.①X322.2-64

中国版本图书馆 CIP 数据核字（2019）第 237847 号

南方丘陵山区矿山生态环境图册

NANFANG QIULING SHANQU KUANGSHAN SHENGTAI HUANJING TUCE

崔益安　柳建新　张云蛟　王涌泉　邓圣为　欧　强　著

□责任编辑　伍华进
□责任印制　易红卫
□出版发行　中南大学出版社
　　　　　　社址：长沙市麓山南路　　　　邮编：410083
　　　　　　发行科电话：0731-88876770　传真：0731-88710482
□印　　装　湖南鑫成印刷有限公司

□开　　本　710 mm×1000 mm 1/16　□印张 13.25　□字数 217 千字
□版　　次　2019 年 12 月第 1 版　□2019 年 12 月第 1 次印刷
□书　　号　ISBN 978-7-5487-3804-6
□定　　价　230.00 元